LES DRÈCHES SÈCHES

de la

Brasserie de Sochaux

Notice explicative

concernant leur emploi

MONTBÉLIARD

SOCIÉTÉ ANᵐᵉ DE L'IMPRIMERIE BARBIER, 17, RUE DE LA SOUS-PRÉFECTURE

—

1907

LES
DRÈCHES SÈCHES

de la

Brasserie de Sochaux

Notice explicative

concernant leur emploi

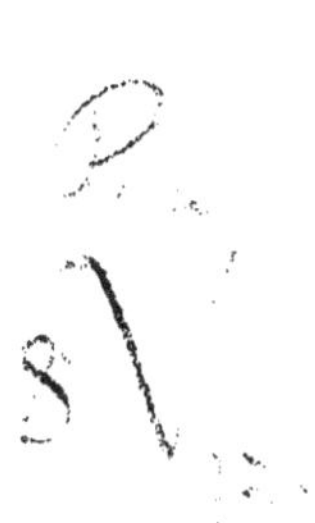

MONTBÉLIARD

SOCIÉTÉ AN^{me} DE L'IMPRIMERIE BARBIER, 17, RUE DE LA SOUS-PRÉFECTURE

—

1907

Les appareils installés à la Brasserie de Sochaux pour le séchage des drèches sont du système Otto, le plus perfectionné à basse température et

Sans pression préalable

La drèche passe directement des cuves à brasser dans les appareils à sécher, sans perdre par conséquent aucun de ses principes nutritifs, perte qui a lieu pendant le transport des drèches fraîches à longue distance, étant donné la difficulté d'obtenir des récipients étanches.

La drèche sèche bien emmagasinée se conserve indéfiniment, humectée quelques heures avant son emploi. elle se gonfle, répand une excellente odeur et permet ainsi d'obtenir à chaque instant une nourriture saine.

Les drèches fraîches, au contraire, ne se conservent pas, elles aigrissent en quelques heures, peuvent donner un goût au lait et indisposer le bétail.

AVIS IMPORTANT

Nous engageons vivement les cultivateurs et éleveurs à exiger que les drèches sèches qui leur sont livrées soient des drèches séchées sans aucune pression préalable, car en pressant les drèches fraîches (pour qu'elles soient plus faciles à sécher), il s'écoule une grande quantité de liquide, liquide très riche comme valeur nutritive.

En effet, d'après les essais et analyses faits par le Dr Emill Pott et par le professeur Dr A. Stutzer de Bonn, le liquide découlant des drèches fraîches pressées contiendrait, par 100 litres : 5 kilos 320 de matières sèches, composées de : 1 kilo 150 de protéine, 3 kilos 750 de cellulose-gomme et 0 kilo 600 de cendres; dans ces dernières, 0.30 °/₀ est de la chaux et de 0,20 °/₀ de l'acide phosphorique.

Ils ont maintes fois reconnu que de 1.000 kilog. de drèches fraîches on faisait sortir 300 litres de liquide.

On voit la perte énorme de valeur nutritive causée par la compression.

D'après les analyses du Dr WOLF, cent kilos de drèches contiennent en matières DIGESTIVES :

Matières azotées	14 k. 200	
— hydro-carbonées	37 k. 700	**57 k. 100**
— grasses	5 k. 200	

Selon lui, voici les rations quotidiennes à donner aux bœufs à l'engrais et aux vaches laitières par **mille kilos** de poids vif de l'animal :

	DRÈCHES sèches	FOIN	BETTERAVES fourragères	PAILLE d'avoine
Bœufs à l'engrais	10 kilog	15 kilog.	15 kilog.	7 kil. 1/2
Vaches laitières	12 »	10 »	20 »	5 kil.

Rations sanctionnées dans la pratique par de nombreux essais.

Compte-Rendu fait par M. le Dʳ VOGEL,

Secrétaire général de la Société agricole d'Alsace-Lorraine

à Strasbourg (Alsace)

Le 5 mars, j'ai choisi 2 vaches de race alsacienne, âgées de 7 ans et d'un poids vif de 475 kilos. Je les ai séparées et ai commencé l'alimentation à la drèche. Avant cette période, leur alimentation était par tête et par jour de : foin à discrétion, betteraves coupées, 30 kilos, son de froment, 4 kilos. Chaque vache ne produisait plus que 6 litres de lait par jour, ce qui engageait à les engraisser pour la vente.

Je remplaçais les 4 kilos de son par 4 kilos de drèches sèches, ces drèches étaient mélangées, 12 heures avant leur emploi, avec des betteraves coupées ; elles absorbaient l'humidité des betteraves et gonflaient beaucoup.

Les deux premières fois, les vaches ne prirent pas volontiers cette nouvelle nourriture, mais le second jour et par la suite elles la mangèrent avidement ; dans la production du lait, on ne remarqua aucune différence, mais à partir de la cinquième traite, la quantité augmenta et atteignit bientôt 15 litres 1/2. La production de lait des deux vaches nourries avec le son qui n'était ensemble que de 12 litres est depuis dix jours de 18 à 19 litres.

La crème du lait, daus plusieurs essais différents, était de 10 à 11 3/4 °/₀

Analyse faite par le Laboratoire
de l'École des Mines de Saint Étienne

Eau	8,12 p. °/₀
Cendres	8,72 p. °/₀
Protéine	20,48 p. °/₀
Graisse	3,86 p. °/₀
Matières hydrocarbonées	46,03 p. °/₀
Cellulose	17,79 p. °/₀
Unités nutritives	115,19 p. °/.

Les Drèches de Brasserie séchées
et leur emploi

Il y a quelques années seulement, l'agriculteur et l'éleveur suivaient, dans leurs manières d'opérer, des principes que la routine leur avait appris.

Aujourd'hui, avec les progrès accomplis par les sciences, il en est tout autrement. L'agriculteur intelligent obtient de plus grands rendements par l'emploi d'engrais que la chimie lui a fait connaître, l'éleveur a appris à classer et à acheter les nourritures pour son bétail d'après leurs vraies valeurs nutritives.

Dans ces dernières, il en est une insuffisamment appréciée en France et qui pourtant mérite d'attirer l'attention ; nous voulons parler des drèches de brasserie, séchées à basse température, sans pression préalable et au sortir de la cuve à brasser, c'est-à-dire au moment où elles ont cette excellente odeur de pain cuit.

Tout le monde sait que les bêtes à cornes et les chevaux sont très friands de drèches fraîches ; malheureusement, l'emploi de ces drèches présente plusieurs graves inconvénients : 1° par la trop grande teneur en eau, les vaches donnent un lait trop aqueux et les chevaux transpirent trop facilement ; 2° les drèches fraîches ne peuvent être conservées longtemps en bon état, surtout en été ; la moisissure les envahit rapidement, elles fermentent et entrent de suite en décomposition ; 3° la brasserie ne fabriquant pas régulièrement, les drèches sont très abondantes à certains moments, tandis qu'elles manquent complètement à d'autres, donc impossibilité d'avoir une nourriture régulière, chose pourtant très importante.

Avec les drèches sèches, ces inconvénients disparaissent radicalement et nous allons exposer ci-après les avantages que l'on obtient par leur emploi.

Fabrication des Drèches

On sait que la brasserie n'emploie pas l'orge telle qu'elle est récoltée et qu'on lui fait subir différentes préparations. Elle est d'abord trempée dans l'eau jusqu'à ce qu'elle ait absorbé assez d'humidité pour pouvoir germer ; une fois assez germée, elle est soumise à une dessication assez forte ; les germes tombent, on les sépare et on a alors ce qu'on appelle le malt.

Ce malt est moulu et va dans la cuve à brasser pour la fabrication de la bière.

Pendant ces différentes manipulations, l'orge a subi, dans l'intérieur de sa graine, des changements chimiques très importants ; on a transformé l'amidon, insoluble dans l'eau, en une matière légérement sucrée qui devient soluble sous l'actïon de l'eau chaude à une certaine température, et en dextrines de différents degrés. Pour la fabrication de sa bière le brasseur extrait du malt les matières solubles, amidons transformés, amides et sels minéraux. Ce qui reste dans la cuve à brasser forme les drèches qui contiennent les matières azotées (que le brasseur cherche à ne pas enlever), des amidons non dissous, la presque totalité des corps gras, une grande partie des sels minéraux et toutes les pellicules.

La comparaison des analyses (Dietrich et Konig) laisse voir l'avantage des drèches sur l'orge :

	Protéine	Graisses	Corps hydrocarbonés assimilables	Cellulose	Cendres
Orges...	11,0	2,4	79,0	4,6	2,9
Drèches .	22,8	7,7	46,7	17,6	5,2

Ainsi donc, les drèches contiennent le double de protéines, le triple de graisse et l'équivalent nutritif de l'orge est comme 1 à 7,7, tandis que pour les drèches il est comme 1 à 2,9.

Avantages des Drèches séchées
sur les Drèches sèches

Depuis longtemps l'emploi des drèches fraîches est avantageusement connu par les agriculteurs, situés à proximité des brasseries, pour la grande secrétion de lait qu'il donne aux vaches. Les drèches fraîches contiennent environ 80 p. °/₀ d'eau, et comme on ne peut que difficilement éviter l'accès de l'air, elles entrent rapidement en décomposition. On a bien construit des citernes pour les conserver ; comme conservation, le résultat était assez bon, mais il a été reconnu que l'on perdait presque un tiers de la valeur nutritive. Le seul moyen vraiment pratique d'obtenir une conservation aussi longue que l'on désire est de sécher les drèches. Depuis une vingtaine d'années on s'est occupé de cette question et depuis 6 ou 7 ans le problème a été résolu d'une façon définitive. Avec les appareils F.-E. Otto, de Dortmund, on sèche les drèches sans pression préalable au sortir de la cuve à brasser et à basse température, de sorte qu'il n'y a aucune perte de valeur nutritive et que les drèches conservent leur bon arôme et toute leur digestibilité. En moyenne, elles contiennent 10 p. °/₀ d'eau ; c'est donc un produit qui ne risque plus de s'altérer et qui peut être transporté facilement. Naturellement, par suite du séchage, la valeur nutritive est bien plus concentrée et, d'après la moyenne de 160 analyses faites par Dietrich et Konig, les drèches contiennent :

	Protéines	Graisses	Matières hydr. carbonées assimilables
Fraîches......	5.0 %	1.7	10.6
Sèches........	20,5 %	7,0	42,2

Ce qui revient à dire que les drèches sèches sont quatre fois plus nourrissantes que les fraîches.

Digestibilité

Elle est aussi grande pour les drèches sèches que pour les fraîches. Il y a quelques années, la controverse avait pu être soutenue; mais depuis que le séchage a lieu à basse température, les protéines ne subissent aucune altération. D'après les essais faits par Stutzer avec des sucs gastriques fabriqués, la digestibilité des protéines est de 80 à 90 p. $^d/_s$; celle des graisses de 80 à 85 et celle des matières carbonées assimilables de 85 à 90.

Emploi des drèches sèches

Les drèches sèches peuvent être données aux bestiaux à l'état sec ou légèrement humidifiées en mélange avec de la paille hachée, des pommes de terre. des betteraves, des collets verts, etc., de façon à forcer l'animal à mâcher pour obtenir tout l'effet nutritif.

Pour les cochons, on doit tremper les drèches d'avance.

L'alimentation des vaches avec des drèches ne donne pas seulement une augmentation de viande à l'animal, mais elle excite énormément la sécrétion d'un lait sain, fort. très digestible, excellent pour les enfants et les malades et qui donne un beurre succulent et de grande conservation.

Aux bœufs de travail ou ceux à l'engrais, on peut donner les drèches à l'état sec ou humidifiées en mélange avec des betteraves, carottes, pommes de terre, etc.

Les moutons mangent avidement les drèches sèches, de sorte qu'ils se contentent facilement d'un pâturage très maigre si l'on a eu soin de leur donner dans le râtelier une portion de drèches avant de les mener en champ. Les brebis mères fournissent à leurs petits un lait très abondant et très nutritif.

Les moutons à l'engrais augmentent prodigieusement et rapidement en viande; on a constaté maintes fois qu'après deux mois ils avaient augmenté de 25 kilos par tête.

De toutes les nourritures fortifiantes, les drèches sèches sont celles qui remplacent le mieux le foin, le trèfle, la luzerne (en cas de disette), parce que les autres produits farineux ne possèdent pas le volume nécessaire pour l'estomac des ruminants, tandis que les drèches contenant l'écorce de l'orge remplissent très bien le but et qu'il suffit de donner un peu de paille en plus pour remplacer toute autre nourriture.

Pour les cochons, les truies, on fait cuire les drèches sèches avec les pommes de terre ou autres résidus et si on ajoute de la farine d'orge et du lait pour rendre moins épais, on obtient chez ces animaux une augmentation énorme et rapide de viande.

Pour les chevaux qui, en général, prennent assez difficilement une nouvelle nourriture, on doit les habituer en ajoutant de petites quantités de drèches, à l'état sec, à leur nourriture ordinaire.

On peut remplacer un tiers d'avoine et de maïs par des drèches et non seulement on aura une économie, mais les chevaux deviendront plus vigoureux, plus alertes et on prévient les coliques.

Jusqu'à présent, on employait les céréales comme nourriture fortifiante ; mais si l'on compare la composition chimique de ces céréales avec celle des drèches sèches, on verra que ces dernières doivent forcément être plus fortifiantes que les premières. En effet, l'avoine contient 17 p. °/₀, le seigle 13 p. °/₀, l'orge 13 p. °/₀ de protéines et de graisses, tandis que les drèches en accusent de 28 à 30 °/₀ et que ces 30 p. °/₀ sont plus digestibles que ceux des grains crus.

Il est à recommander, pour la conservation des drèches sèches sur grenier, d'ajouter 1 kilo de sel marin par 100 kilos de drèches sèches sans préjudice à la quantité de sel que l'on donne habituellement, journellement, aux bestiaux.

Malgré que les drèches soient par elles-mêmes une nourriture excellente, on peut encore augmenter l'effet nutritif par l'adjonction de son, de déchets de féculerie, etc. Il est en effet reconnu que le mélange de plusieurs produits nutritifs agit mieux qu'un seul.

Les drèches agissent sur les bestiaux surtout par l'augmentation de viande, de sorte que les éleveurs peuvent obtenir un prix supérieur pour leurs élèves chargés de viande savoureuse.

Estimation et comparaison des valeurs nutritives

Extraits du journal *American Brewers, Review* de New York.
Analyses faites par M. le D' Konig

Les chiffres indiqués sous la dénomination unités
nutritives, proviennent de l'addition, des multiplications,
des quantités d'azote ou protéines par 3, celles des graisses par 2, et de celles des produits carbonés assimilables
par 1, en partant de ce principe que l'azote est trois fois
plus agissant que les produits carbonés et deux fois plus
que les corps gras.

	Foin	Maïs	Avoine	DRÈCHES SÈCHES
Eau	8.64	13.46	10.80	9.90
Protéines	6.83	9.61	12.28	23.71
Corps hydrocarbonés assimilables	48.90	69 74	59.05	44.03
Cellulose	28.65	1.43	8.54	13.32
Graisses	2.08	4.47	5·52	5.54
Cendres	4.90	1·29	3.81	3.50
Unités nutritives	73.55	107.51	106.93	126.24

On voit donc que les drèches sont bien plus nourrissantes que le maïs, l'avoine, le foin.

Les Comités des Stations agricoles des Etats de New-
York et de New-Jersey ont fait beaucoup d'études sur
l'emploi des drèches sèches pour la nourriture des bêtes
à cornes et des chevaux. Voici la conclusion de leurs tra-
vaux : « Le corps d'un animal est en général composé de
40 à 70 p. 0/0 d'eau, de 2 à 5 p. 0/0 de substances miné-
rales, de 10 à 30 p. 0/0 de graisse et 15 à 20 p. 0/0 de protéine
ou albumine ». Conséquemment, une bonne nourriture
doit contenir approximativement la même proportion
des éléments constitutifs de l'animal, d'où la ration normale par mille livres de poids de l'animal doit être pour
les bœufs, chevaux, vaches à lait.

	TOTALITÉ des matières organiques	MATIÈRES NUTRITIVES devant être contenues			PROPORTIONS nutritives
		Protéine	Matières hydro-carbonés	Graisse	
	Unités	Unités	Unités	Unités	
Bœufs travaillant peu	24	1.60	11.30	0.30	1 à 7 1/2
Chevaux	22 1/2	1.80	11.20	0.60	1 à 7
Vaches à lait	24	2.50	12.50	0.40	1 à 5 1/2

D'après l'analyse, les produits généralement employés à l'alimentation contiennent :

	Protéines	Matières hydrocarbonées assimilables	Graisse
Foin......	6 24	48 90	2 08
Son de froment.....	14 23	52 12	4 50
Maïs...............	9 61	69 74	4 47
Avoine............	10 57	59 05	5 52
Drèches sèches.....	21 14	44 03	5 54

Suivant ces données, la ration pour les bestiaux par 1.000 livres de poids de l'animal vivant serait :

	Matières organiques Unités	Matières nutritives Protéine	Produits hydro-carbones	Graisse	Proportions nutritives
Foin.................	6	0 25	2 37	0 03	
Son.................	2 1/7	0 27	0 84	0 05	
Maïs................	4 2/7	2 87	2 87	0 12	
Drèches	8 4/7	3 77	3 77	0 38	
	21	2 56	9 85	0 58	1 à 5

Les essais pratiques faits par les Comités de New-York et New-Jersey ont prouvé la parfaite exactitude de ces chiffres.

Suivant les professeurs des écoles d'agriculture allemandes et des essais pratiques consécutifs faits par les comités agricoles, voici les données qu'ils ont établis pour la nourriture rationnelle des bestiaux suivant leur âge et poids.

Rationnement des Taureaux
jusqu'à l'âge de deux ans

DE 6 A 9 MOIS

Poids approximatif de l'animal 350 livres

Par jour : 11 livres de matières sèches, 1 liv. 27 d'albumine, 0 liv. 30 de graisses, 5 liv. 38 de matières hydrocarbonées, valeur nutritive comme 1 à 5.

Correspondant à une nourriture de :

Exemple : 4 livres de foin, 2 liv. 1/2 de drêches sèches,
2 livres de mouture (seigle, orge, avoine mélangés),
4 liv. 1/2 bonne paille de céréales d'été et de 5 à 10
grammes de sel.

DE 9 A 12 MOIS
Poids approximatif de l'animal : 440 livres.

Par jour : 14 livres de matières sèches, 1 liv. 44 d'albumine, 0 liv. 85 de graisse, 7 liv. 03 de matières hydrocarbonées, valeur nutritive comme 1 à 5,5.
Correspondant à une nourriture de :
Exemple : 4 livres foin, 7 livres paille d'été, 7 livres pommes de terre, 2 liv. 1/2 drêches sèches, 1 liv. 1/2 mouture (mélange de seigle, orge, avoine, lentilles), 10
grammes de sel.

DE 12 A 15 MOIS
Poids approximatif de l'animal : 530 livres

Par jour : 17 livres matières sèches, 1 liv. 54 d'albumine, 0 liv. 40 de graisse, 8 liv. 26 de matières hydrocarbonées, valeur nutritive comme 1 à 6.
Correspondant par exemple à : 4 livres foin, 8 livres
paille de céréales hivernales, 1 liv. 3/4 de drêches sèches,
14 livres pommes de terre, 2 livres de mouture, mélange
de seigle, avoine, lentilles, 2 livres carottes et 10 à 12 grammes de sel.

DE 15 A 18 MOIS
Poids approximatif de l'animal : 620 livres

Par jour : 19 liv. 05 de matières sèches, 1 liv. 65 d'albumine, 0 liv. 44 de graisse, 9 liv. 61 de matières hydrocarbonées, valeur nutritive comme 1 à 6,5.
Correspondant par exemple à : 5 livres foin, 9 livres
paille de céréales hivernales, 2 livres drêches sèches,
16 livres pommes de terre, 2 livres mouture, mélange
de seigle, orge, avoine, et 10 à 15 grammes de sel.

DE 18 A 21 MOIS
Poids approximatif de l'animal : 710 livres

Par jour : 22 livres matières sèches, 1 liv. 79 d'albumine, 0 liv. 47 de graisse, 10 liv. 50 de matières hydrocarbonées, valeur nutritive comme 1 à 6,5.
Correspondant par exemple à : 4 livres de foin, 10
livres paille de colza, 4 livres balles ou bourrier de colza,
2 livres drêches sèches, 46 livres betteraves, de 15 à 20
grammes de sel.

Ou à 4 livres de foin, 6 livres pailles de céréales hivernales, 4 livres paille de colza, 4 livres balles ou bourriers de colza, 21 livres pommes de terre, 2 livres
drèches sèches, de 15 à 20 grammes de sel.

DE 21 A 24 MOIS
Poids approximatif de l'animal : 800 livres.

Par jour : 24 liv. 1/2 matières sèches, 1 liv. 90 d'albumine, 0 liv. 50 de graisse, 11 liv. 08 de matières hydrocarbonées, valeur nutritive comme 1 à 6,5.
Correspondant par exemple à : 4 liv. 1/2 de foin, 10
livres pailles céréales d'hiver, 5 livres bourriers de céréales, 2 liv. 1/4 drèches sèches, 49 livres betteraves et de 20 à
25 grammes de sel.

Rationnement pour vaches laitières

Poids approximatif de l'animal : 600 livres.

Exemple : 8 livres de foin, 8 livres paille de céréales.
d'été, 2 livres bourriers de céréales, 20 livres betteraves, 2 livres de drèches sèches, 2 livres son de
seigle, 10 livres pommes de terre cuites, 20 à 25 grammes de sel.

Ou : 8 livres de foin, 9 livres pailles de céréales hivernales
1 livre bourriers de céréales, 2 livres de drèches
sèches, 2 livres mouture (mélange seigle, orge,
avoine), 20 livres pommes de terre cuites, sel comme
ci-dessus.

Poids approximatif de l'animal : 700 livres.

Exemple : 5 livres de foin, 6 livres paille de céréales d'été.
4 livres bourriers de céréales, 20 livres pommes de
terre, 8 livres déchets de betteraves de sucreries.
3 livres drèches sèches, 2 livres avoine moulue, sel.
de 20 à 25 grammes.

Ou : 5 livres de regain, 4 livres bourriers de céréales.
6 livres paille céréales d'été, 30 livres déchets de betteraves de sucreries, 3 livres drèches sèches, 1 livre
tourteau de colza, sel de 20 à 25 grammes.

Poids approximatif de l'animal : 700 à 800 livres.

Exemple : 5 livres de foin, 8 livres de trèfle sec, 5 livres
paille d'avoine, 30 livres raves des champs, 2 livres
son de froment. 3 livres drèches sèches, sel de 20 à
grammes.

Ou en cas de disette de foin : 10 livres rames de fruits à cosse, 8 livres paille d'avoine, 30 livres betteraves, 4 livres bourriers de céréales, 4 livres drèches sèches, sel comme ci-dessus.

Poids approximatif de l'animal : de 800 à 900 livres.

Exemple : Avec disette de fourrages : 8 livres de foin· 6 livres balles de céréales, 4 livres pailles céréales d'eté, 3 livres paille céréales hivernales, 20 livres betteraves, 35 livres (ou 70 litres) déchets de féculerie, 2 liv. 1/2 drèches sèches, 2 livres farine de maïs, sel de 20 à 25 grammes.

Ou : 8 livres de foin, 6 livres balles de céréales, 3 livres paille de céréales hivernales, 4 livres paille céréales d'été, 20 livres betteraves, 35 livres déchets de féculerie, 3 livres son de seigle, 1 liv. 1/2 drèches sèches, sel de 20 à 25 grammes.

Ou : 5 livres de foin, 5 livres paille d'été, 7 livres pailles hivernales, 5 livres drèches, 30 livres pommes de terre cuites, sel comme ci-dessus.

Pour vaches en état de gestation

Du poids de 7 à 800 livres

Rations peu chargées en matières sèches pour ne pas charger l'appareil digestif.

Exemple : 10 livres de foin, 5 livres paille de céréales d'été 5 livres bourriers d'avoine, 20 livres raves des champs, 1 liv. 1/2 drèches sèches, 1 livre son de froment, sel de 20 à 40 grammes.

Ou plus intensif : 10 livres de foin, 5 livres de trèfle sec· 10 livres bourriers d'avoine, 20 livres raves des champs, 1 liv. 1/2 drèches sèches, 1 livre son de froment, sel comme précédemment.

Poids approximatif de l'animal : 1.000 livres.

Exemple : 5 livres de foin, 8 livres bourriers de céréales, 35 livres déchets de féculerie, 36 livres déchets de betteraves de sucreries, 3 livres drèches sèches, 20 à 50 grammes de sel.

Ou : 4 livres de foin, 8 livres de trèfle sec, 8 livres paille d'avoine, 2 livres bourriers d'avoine, 30 livres raves des champs, 2 livres drèches sèches, 1 livre tourteau de colza, sel 30 à 50 grammes.

Ou : 8 livres de foin, 10 livres trèfle sec, 8 livres paille d'avoine, 3 livres bourrier, 15 livres raves des champs, 1 livre drèches sèches, 2 livres tourteaux de colza, sel, 30 à 50 grammes

Ou : 8 livres de foin, 8 livres trèfle sec, 3 livres bourriers de froment, 30 livres choux-raves, 2 livres drèches sèches, sel 30 à 50 grammes.

Ou : 4 livres de foin, 6 livres trèfle sec. 4 livres paille d'avoine, 3 livres bourriers de froment, 35 livres de carottes coupées aigries. 5 livres de drèches sèches, 2 livres germe d'orge, 1 liv. 1/2 de tourteau de colza, sel comme précédemment.

Ou : 8 livres de foin, 6 livres paille d'été, 30 livres raves des champs, 6 livres drèches sèches, 3 livres tourteaux, 1 livre farine de riz, sel comme précédemment.

Ou : 10 livres de trèfle sec. 5 livres paille de froment, 3 livres balle de froment, 20 livres pommes de terre, 6 livres drèches sèches, 1 livre germe d'orge, sel 30 à 50 grammes.

Ou : 4 livres paille d'été, 100 livres trèfle vert, 2 livres drèches sèches, sel comme ci-dessus.

Rationnement pour bœufs de travail

POUR UN TRAVAIL TRÈS LÉGER, REPOS D'HIVER A L'ÉCURIE.

Poids approximatif : 1.090

Exemple : 8 livres rames de plantes de fruits à cosse, 6 livres paille de céréales hivernales, 6 livres bourriers de froment, 1 liv. 1/2 drèches sèches, 30 livres raves des champs. sel de 40 à 50 grammes.

Ou : 5 livres de luzerne sèche. 6 livres paille de céréales hivernales, 8 livres paille d'été, 25 livres choux-raves, 1 livre drèches sèches, sel comme ci-dessus

Pour un travail moyen

Exemple : 5 livres de foin, 6 livres de paille de céréales hivernales, 6 livres paille céréales d'été, 60 livres de carottes pressées. 3 livres drèches sèches, 2 livres mouture de pois, sel de 40 à 50 grammes.

Ou : 8 livres trèfle sec, 10 livres paille céréales hivernales, 50 livres carottes aigries, 2 livres drèches sèches, 1 livre farine d'orge, sel comme ci-dessus.

Ou : 5 livres de foin 5 livres paille céréales hivernales, 10 livres rames de plantes de fruits à cosse, 40 livres choux-raves, 3 livres drèches sèches, sel comme ci-dessus.

Rationnement pour bœufs à l'engrais

Poids approximatif de l'animal : 900 livres

Exemple : 5 livres de foin, 10 livres rames de plantes de fruits à cosse, 70 livres betteraves, 4 livres drèches sèches, 2 livres farine d'orge, sel 50 à 70 grammes.

Ou : 10 livres rames de plantes de fruits à cosse, 60 livres betteraves, 2 livres bourriers de céréales, 5 livres drèches sèches, 3 livres farine d'avoine, sel comme ci-dessus.

Poids approximatif de l'animal : 1.000 livres.

Exemple : 12 livres paille de céréales hivernales, 130 livres betteraves. 3 liv. 1/2 drèches sèches, 3 livres farine mélangée de seigle, orge, avoine, lentilles, sel de 50 à 80 grammes.

Ou : 15 livres paille de céréales hivernales, 120 livres betteraves, 5 livres drèches sèches, 1 livre tourteau de colza, sel comme ci-dessus.

Ou : 5 livres de foin, 10 livres rames de plantes de fruits à cosse, 50 livres betteraves, 4 livres farine de maïs, 4 livres farine de pois, 1 liv. 1/2 drèches sèches, sel comme ci-dessus.

Ou : 5 livres de foin, 10 livres rames de plantes de fruits à cosse, 50 livres carottes pressées, 2 livres tourteaux, 5 livres drèches sèches, 1 livre son de seigle. sel comme ci-dessus.

Rationnement pour moutons

Aux moutons, on donne les drèches à l'état sec ou légèrement humidifiées ou en mélange.

Il faut par 100 brebis mères, d'un poids approximatif de l'animal vivant, de 60 livres, journellement à peu près : 50 livres de foin, 100 livres de paille d'avoine, 20 livres de tourteaux, de 3 à 8 grammes de sel.

Ou : 50 livres de foin, 90 livres de rames de plantes de fruits à cosse, 2 livres de déchets d'amidonnerie, 18 livres de drèches sèches, sel comme ci-dessus.

100 moutons à l'engrais

Du poids approximatif de 60 livres l'un

Ont besoin de : 50 livres de foin, 50 livres de trèfle sec. 60 livres de paille d'avoine. 20 livres de son de froment. 20 livres de tourteaux et de 3 à 8 grammes de sel.

Ou bien avec une nourriture plus active : 50 livres de foin,
50 livres de trèfle sec, 60 livres de paille d'avoine,
25 livres de drèches sèches, 10 livres de lupins jaunes, 20 livres de betteraves, 2 livres de déchets
d'amidonnerie, sel comme ci-dessus.

100 moutons à l'engrais

Du poids approximatif de 80 livres.

Ont besoin journellement de : 50 livres de trèfle sec,
100 livres rames de plantes de fruits à cosse, 30 livres de
paille d'avoine, 40 livres de drèches sèches, 60 livres de
lupins jaunes, 40 livres de betteraves, 10 livres de déchets
d'amidonnerie, sel comme ci-dessus.

Cochons à l'engrais

Il n'existe pas un seul produit qui à lui seul puisse
servir à l'engrais du cochon, il faut absolument employer
des mélanges très digestibles et qui excitent son appétit.
La meilleure manière d'utiliser la nourriture de grains
est de la mélanger avec des pommes de terre cuites, de
l'allonger avec du petit lait et d'ajouter de 1/2 à 1 livre de
cosses de pois par tête qui agit très activement sur la
digestion. C'est pour cette raison que l'on donne souvent
une petite quantité de charbon cassé en grumeaux et que
l'on ajoute de 10 à 15 grammes de sel par tête.

Exemple : 2 livres de drèches sèches, 1/2 livre de son, 4 à
5 livres de pommes de terre. 2 litres 1/2 de petit
lait. Cette nourriture continuée pendant quatre
semaines a donné une augmentation de poids jour-
nalière à l'animal de 1 livre 1/2.

D'après les analyses de différents produits, donnés
dans le tableau ci-dessous, on pourra se rendre compte de
l'avantage que l'on a à employer les drèches sèches et on
comprendra pourquoi les résultats pratiques sont absolument surprenants.

SONT CONTENUES DANS :	MATIÈRES sèches Livres	ASSIMILABLES EN LIVRES		
		Protéine	Graisse	Hydro-carbonés
2 liv. farine d'avoine.	1.70	0.16	0.94	0.88
2 » » d'orge.....	1.72	0.16	0 03	1.18
2 » » pois........	1.71	0.40	0.34	1.08
2 » son de seigle.....	1.75	0.24	0.07	0.92
4 » pommes de terre.	1. »	0.08	0.008	0.872
5 » ou 2 lit. 1/2 petit lait	0.50	0.16	0.04	0.26
2 » drèches sèches...	1.79	0.32	0.14	0.36

Rations pour chevaux

Il est recommandable pour les chevaux de supprimer de 4 à 6 livres d'avoine et de les remplacer par le même poids de drèches sèches ; on peut plus tard aumenter cette proportion. On peut donner les drèches à l'état sec ou humidifiées avec un poids égal d'eau.

Pour les poulains, la nourriture normale est le lait de la mère, et cela pendant au moins trois mois, et si possible, pendant quatre et cinq mois.

Quand on est forcé de remplacer le lait de la jument par du lait de vache, on doit ajouter un demi-litre d'eau tiède par litre de lait de vache. Pendant la première et la deuxième année, les poulains doivent être mis du printemps à l'automne dans de bons pâturages où ils trouvent toute leur nourriture. Pendant l'hiver, on leur donne de 12 à 15 livres de foin et 4 à 7 livres de paille de céréales d'été

Les poulains de 2 à 3 ans doivent encore passer le printemps et l'été dans de bons pâturages ; pendant l'hiver, on leur donne de 12 à 18 livres de foin. de 10 à 15 livres de paille de céréales d'été et des bourriers ; pour des bêtes de valeur, on ajoute de 2 à 5 livres d'avoine.

Pour les chevaux de chasse, de monte, militaires et les chevaux légers de voiture, on compte en général de 9 à 12 livres d'avoine, de 6 à 8 livres de foin, de 2 à 3 livres de paille.

Pour les chevaux plus lourds, de 9 à 15 livres d'avoine, 6 à 8 livres de foin et 3 à 4 livres de paille.

Pour les chevaux de ferme de petit travail : 6 à 9 livres d'avoine, de 6 à 8 livres de foin. 3 livres de paille.

Pour les chevaux de ferme de travail moyen : 9 à 12 livres d'avoine, 8 à 10 livres de foin, 3 à 4 livres de paille.

Pour les chevaux de ferme de travail pénible : 12 à 15 livres d'avoine, 10 à 12 livres de foin, 3 à 4 livres de paille.

Pour les chevaux de gros camionnage : de 15 à 18 livres d'avoine, de 12 à 15 livres de foin, 4 livres de paille.

Pour les juments reproductrices, la pratique a prouvé qu'un mélange de 2 livres de drèches, 2 livres de son, avec du foin et des collets verts donnait les meilleurs résultats au point de vue de la quantité et de la qualité du lait.

Le sel est nécessaire pour les chevaux et on doit leur en donner journellement.

Il est absolument prouvé par la pratique, aussi bien chez l'industriel que chez le cultivateur, que pour le service militaire. on peut remplacer la moitié jusqu'au 2/3 de la ration d'avoine par la même quantité de drèches sèches. On peut sans aucune crainte donner de 6 à 8 livres de drèches sèches par cheval et par jour.

Le docteur Schulze, en faisant les essais suivants, n'a pu constater aucune diminution dans le travail, dans sa facilité et dans le maintien des chevaux :

1er essai : 5 livres de foin, 25 livres de pommes de terre crues, 4 livres de drèches sèches, 1 livre d'avoine ;

2e essai : 5 livres de foin, 25 livres de pommes de terre crues, 5 livres de drèches sèches ;

3e essai : 5 livres de foin, 25 livres de pommes de terre crues, 5 livres de drèches sèches, 1 livre tourteaux de graines de lin.

D'après le professeur Dr E. Wolff, la Compagnie parisienne des omnibus donne à ses chevaux, pour 1.000 liv. de poids de l'animal vivant et pour un travail moyen, 10 livres de foin, 2 livres de paille, 4 livres d'avoine, 4 liv. de drèches sèches et 3 liv. 1/2 d'orge.

Pour un travail très pénible, elle donne : 8 liv. de foin, 3 livres de paille, 6 livres d'avoine, 6 liv. de drèches sèches et 6 livres d'orge.

Une Société de camionnage de Berlin a donné à 28 de ses chevaux, qui étaient très maigres et très surmenés, 2 livres de drèches sèches en plus de leur nourriture ordinaire (qui n'en comportait pas) et cela pendant six semaines, tout en leur faisant faire exactement le même travail.

Gallinacés et palmipèdes

Les drèches sèches donnent aussi des résultats surprenants pour les poules, dindes, oies, canards, etc.

Nous nous permettrons de faire remarquer qu'en général les poules ne sont pas traitées d'une façon bien rationnelle. En effet, on les tient généralement enfermées jusqu'à ce qu'elles aient pondu et on les lâche après.

Si, encore, dans le poulailler elles trouvaient suffisamment d'eau et de nourriture, il n'en serait pas moins un traitement contre nature, car la poule qui va en champ ne mange pas seulement des vermisseaux, mais aussi beaucoup des herbages tendres qu'elle sait choisir.

Il arrive souvent que la femme de ménage ne soigne le poulailler que pour ramasser les œufs et que les poules ne sortent et ne mangent qu'une fois la corvée faite. Le poulailler devient une chambre de martyre et on va absolument contre son intérêt avec un pareil traitement. Il est certainement préférable de laisser sortir la poule à son réveil ; quand elle voudra pondre, elle reviendra d'elle-même au poulailler. On peut être certain que les quelques œufs perdus sont largement compensés par la plus grande quantité de ceux récoltés.

Si l'on veut que les poules, dindes, canes, oies pondent et couvent bien, il faut bien les traiter et bien les nourrir.

Il y a tant de déchets de cuisine que l'on peut utiliser restes de viandes, débris de fromages, de pommes de terre, de choux, etc.

Une nourriture rationnelle, pour 10 bêtes peut se composer de : 1 livre pommes de terre cuites, 1 livre de drèches sèches, 1 livre de germes d'orge et 10 grammes de sel.

Ou : 1 livre pommes de terre cuites, 1/2 livre son de froment, 1/4 livre de farine d'orge, 1/2 livre restes de viandes, ou au lieu de son on peut le remplacer avantageusement par autant de drèches, sel 10 grammes.

Ou : 1 livres pommes de terre cuites, 1 livre betteraves 1/2 livre de drèches sèches, 1/2 livre maïs, 6/8 livre d'orge, 6/8 livre d'avoine, 1 litre lait écrémé, sel 10 grammes.

Evaluations de nourritures fortifiantes

Extraits d'une dissertation au Comité central de la province de Saxe,

par le Docteur A. Morgen

Malgré les prix élevés des engrais forts, on doit conseiller leur emploi, car ce n'est que par l'addition de nourritures riches en azote que l'on peut employer les fourrages de moindre valeur, tout en obtenant un bon résultat. Il est prouvé, par d'innombrables essais que seul l'emploi des engrais riches donne de beaux rendements ce qui revient à chercher les produits riches en protéïne qui sont la source la plus économique d'azote. L'emploi des produits riches en azote est certainement économique, car l'excédent de prix est déjà largement compensé par l'augmentation de production du lait et l'augmentation du poids de viande de sorte que l'azote contenu dans les fumiers ne coûte rien.

M. Bourigeaud écrit dans l'*Agriculture du Nord :* Il est une chose incontestable c'est que l'emploi des drèches pour l'engraissement et pour la production du lait n'attire pas l'attention qu'il mérite. De grands savants ont prouvé que, pour avoir un beurre de première qualité, il faut employer comme nourriture des produits très riches en azote et très purs.

Les drèches sèches contiennent :

Cendres ...	4 50	%
Graisse	5	%
Albumine	22 60	%
Amidonnés	38 90	%
Cellulose digestible	14	%
Hydrocarbonés	11 10	%
Indéterminés	2 90	%

D'après cette composition, 100 kilos de drèches sèches ne peuvent être remplacés que par :

			Teneur en azote %
3 260	kilos de	carottes	1 19
1.945	»	pommes de terre	2
299	»	pain	13
139	»	tourteaux	28
486	»	foin	8
259	»	son	11
389	»	maïs	10
329	»	orge	12
409	»	avoine	9 50
1.180	»	paille	3 25

Nous pensons maintenant avoir établi dans cette courte étude la réelle valeur des drèches sèches et nous nous croyons en droit de dire qu'elles doivent être placées au premier rang des fourrages.

Compte-rendu comparatif d'essais faits à Zurich (Suisse) à la ferme de Strickhoff, avec l'emploi des drèches sèches et de la farine de tourteaux d'arachides.

Du 2 décembre 1895 au 30 janvier 1896, nous avons fait des essais comparatifs de nourriture entre les drèches et la farine de tourteaux d'arachides, et cela de façon que : 1° pendant 30 jours trois bêtes à l'essai ont eu du foin à volonté, regain à volonté, raves des champs et 5 kil. 1/2 de drèches sèches ; 2° au 1er janvier, la drèche a été remplacée par la farine de tourteaux d'arachides.

Nous publions les résultats ci-dessous, mais en faisant bien remarquer qu'ils ne sont pas absolument probants, attendu que 2 bêtes étaient en état de gestation et que naturellement il y avait diminution de production de lait. Malgré cela les résultats sont tels qu'ils donnent à réfléchir.

Nourriture à la drèche sèche. Poids des 3 bêtes à l'essai le 2 déc. 1.845 k.
— — 31 déc. 1.905 k.
Augmentation : 60 kilos.

Nourriture à la farine de tourteaux : poids des 3 bêtes le 1er janv. 1.905 k.
— 30 janv. 1.915 k.
Augmentation : 10 kilos.

Nourriture à la drèche, production de lait des 2 bêtes à l'essai du 2 au 31 décembre..................... 573 k. 8
Nourriture à la farine de tourteaux, production du lait de 2 bêtes à l'essai du 1er au 30 décembre..................... 517 k. 2
Diminution : 56 k. 6.

Nourriture à la drèche, beurre du lait des 2 bêtes à l'essai du 2 au 30 décembre..................... 17 k. 49
Nourriture à la farine de tourteaux, beurre du lait des 2 bêtes à l'essai du 1er au 30 janvier..................... 17 k. 61
Augmentation : 0,12.

Prix de revient de la nourriture à la drèche, du 2 au 31 décem. 13 fr. 50
à la farine de tourteaux — 15 fr. 27
Augmentation : 1 fr. 77.

L'essai fait ressortir que l'emploi des drèches sèches à la place de la farine de tourteaux a donné une augmentation comparative de poids des animaux de 50 kilos, une augmentation de production du lait de 56 k. 6, une diminution de 0 k. 12, et une diminution de prix des rations de 1 fr. 77

MONTBÉLIARD

SOCIÉTÉ ANONYME DE L'IMPRIMERIE BARBIER

17, Rue de la Sous-Préfecture

BRASSERIE DE SOCHAUX

Société Anonyme par Actions au Capital de 1.200.000 francs

Administrateur-délégué · E. IENNÉ

DE BEAUCOUP LA PLUS IMPORTANTE DE FRANCHE-COMTÉ